好吃 宴客素

賓主盡歡的**50**道感動料理

美食達人**林美慧**◎著

vegetable

輕鬆快樂來辦桌

在家請客，是很多人覺得麻煩的事，第一，要想菜色；第二，要大似採買一番；第三，要花長時間在廚房烹煮，搞的整間亂七八糟、油膩膩又全身油味。這三大理由就足夠讓許多人寧願花多一點錢到外面辦桌，也不願自己在家裡烹煮請客。

在我教學這數十年來，教過許多的學生，也遇過學生有許多的問題，碰過最多的就是「要如何在家辦桌請客？」學生常提到「老師，辦桌，我不會耶！」、「請客要煮很多菜，我又不會很多菜色，而且好像很麻煩，很累人耶！」、「老師，採買東西、設計菜色，很繁雜呢！」，這許多的問題似乎都一直重複出現在不同批的學生身上。看起來，「請客人」還真的好像很麻煩、很累人呢！不然，怎麼這麼多年來，我都經常遇到學生提問這個問題呢？也就因為這樣，在我出版的許多食譜裡，我也專為宴客設計了一些主題，不過，那些大都是以葷食為主，沒有真正為了素食的宴客菜設計成一本書。這次有了這個機會，讓我為吃素的朋友盡點心力，也讓吃膩了葷食的朋友，有變換口味的機會。

其實，不論是葷食或是素食，請客最重要就是心意，第一要有心意，其他一切都不成問題了。大家想想，三五好友小聚，全家團圓圍爐，這是多麼愉快的人間享樂啊！這麼愉快的時光，當您在為菜色的設計、請客時的準備煩惱時，都會在客人的喜悅表情下完全忘卻呢！為了讓大家對在家辦桌表現充分的信心，在這裡，我提供了五十道適合宴客的美味佳餚，包括了冷盤、菜餚、湯品及點心，可說是應有盡有，而且在食譜裡，我還詳細的記錄上幾人份及烹調時間，讓大家在事前準備時，能有確實的資訊及掌握。另外，對於請客時該注意的大小事項，例如菜單的設定、採買的技巧、烹煮的訣竅等等，您想要知道的請客細節，我都盡量為大家想到，主要就是希望能夠讓大家跟我一同分享辦桌請客的愉悅心情，這種感受，真的，只有親自下廚才能體會的。

這樣一本貼心的食譜，我相信您會喜歡，因為我的用心，大家一定能感覺到。相信我，從這本書裡您會找到您需要的。請客將不再讓大家煩惱，而是讓您高興愉快的用美食與大家一同分享快樂！

林美慧

| 目 | 錄 |

Part 1
菜餚

請客基本守則

辦桌請客，其實就像一般下廚一樣，只是煩雜了一點，時間花費多一點，準備工夫多一點，但是在廚房裡的基本原則都是不變的。廚房裡該有的，都是一樣，不會因為宴客而增加，也不會因為要請客而減少，所以通則不變，大家只要謹守大原則，辦桌請客，一點都不需要擔心。

◆ 廚房基本配備的準備

今天不管是一個人吃，還是全家人一起吃，還是請人家到家裡吃，您下廚的基本工具一定要準備好，這就是所謂的「工欲善其事，必先利其器」。所謂一般廚房的基本配備，不是廣告裡的全套廚房設備，而是不管您哪一次下廚，一定都會用到的東西，這才是我們今天所講的「基本配備」。當然，講到基本，第一個一定想到的是瓦斯爐，可是它不是我們講的範圍，因為瓦斯爐是廚房的根本，而不是基本，是每間廚房都要有的東西。我們需要的是最實用、最基本的工具。

首先，您一定要有刀，這是切食物的主要工具。您至少要準備一把。可以準備料理用刀，或是中式菜刀。如果對生食、熟食比較介意的朋友，您不妨可以多準備一把，分開來使用。既然有刀，砧板就是必須要有的，不然在切割食物時，會傷到桌面。一般市面上有木製和塑膠製的兩種，也有不同的大小尺寸，依您需要來選購。另外，使用砧板時，用刀的力量不一，往往一切下去，砧板就會有痕跡，所以最好準備兩塊，把生食、熟食分開來用。當砧板有刀痕時就要注意，一旦顏色附著太多時，就要換新，以免刀痕部分藏污納垢，容易有細菌，這樣反而影響健康。

鍋子是第二需要的，這是烹煮食物最重要的器具，沒有了它，一切都不用提了。市面上的鍋子百百種，最需要添購的是炒菜鍋、平底鍋、湯鍋，每種鍋子有不同的材質，您可以選擇較輕巧的，這樣操作起來比較方便。

一般炒菜鍋的體積都比較大，什麼料理大都可以用得上，像是煎、炒、煮、炸、蒸的菜餚，都可以用到；平底鍋適合煎東西，像是蛋卷、薄餅……等；湯鍋，一聽就知道是用來煮湯的，但是湯鍋也是很好的蒸鍋，因為它深度夠，所以很好用。鍋具如果充足，在烹煮時間上就會節省很多，不會等著一只鍋，反倒浪費很多時間。有了鍋子，就一定要有鍋鏟，它們是好夥伴；一般常見的材質有鐵製、不鏽鋼、樹脂、木製等，看您採買的鍋子適合用哪一種，選擇比較不會傷到鍋子表面就可以了。

第三是電鍋，這是煮飯必須使用的工具。有電子鍋和大同電鍋兩種。電子鍋使用起來比較方便，只要把米洗好放入，加入適當的水量，按下開關，等到飯煮好，開關就會自動跳起；另外，電子鍋還能烹煮稀飯。大同電鍋使用起來比較煩雜，它有外鍋、內鍋，所以煮飯時，除了內鍋加適當水量外，還要加外鍋的水，水量比較不好掌握，不過大同電鍋用處較多，除了也能烹煮稀飯外，還可以用來蒸東西，使用功能較強。

第四是烤箱，在您需要烘烤食物或點心時用得到。市面上販售的烤箱，依照功能的多寡、體積大小、品質好壞，在價格上有不同的差異，像是陽春型的，只能烘烤麵包類、加熱作用的烤箱，小小一台可能只需幾百元就可以買到。若是想要烘烤點心類，如麵包、蛋糕，還有想要烤雞等，就需要品質好、功能性強的烤箱，價格就不會很便宜了。您可以選擇一台品質不差，可以放入一隻雞大小的烤箱，還有上下火裝置的，這種功能性比較好，不一定要頂級的，但是一定要在使用上方便的。

第五是碗、盤、筷子、湯匙、焗烤盤，這是裝盛食物必須要有的，大小、深淺、長短都看個人需要，不過數量要足，才好運用。

最後就是一些個人覺得需要添購的，像是量匙、不鏽鋼盆、漏杓等等。量匙，是用來量較少材料或調味料的標準湯匙；一般一組有四支，分別是一大匙、一小匙、半小匙、四分之一小匙；使用時，將材料裝滿後再刮平為標準；不過，當您是廚房老手時，它們恐怕就根本不需要了。不鏽鋼盆，在攪拌食材、裝盛食材相當好用的器皿，這種盆子有大有小，隨自己需要來選用，一次可以準備兩三個，方便運用。漏杓是將食物濾掉水分用的，一般有整支是不鏽鋼，或是濾網部分為小鐵絲的，隨自己喜愛選用；像在燙煮青菜，或是煮水餃，都需要用到。

當您有了廚房的基本配備，就等於邁向下廚的第一步了。

◆ 基本調味料的準備

在廚房裡，除了基本配備要準備之外，還有就是調味料也要打理齊全。因為調味料是固定的，當您有需要，就一定要有；而且它們是影響一道料理好吃的最原始成分，缺少一味，可能烹調出來的味道就是差一點；再者，食材是隨時在變，而調味料的使用就是那幾種來搭配，因此，調味料準備的是否齊全，也就是您在廚房順不順手滿重要的因素。

像最常用的調味料就是鹽，基本上百分之九十以上的料理，都會用到鹽，在台灣，出產鹽的廠商目前就只有一家，所以您看自己需要挑選美味鹽或是低鈉鹽就可以了。

其次是醬油，這也是使用普及率高的調味料，在許多滷的、紅燒的料理中，醬油是要角，沒有醬油是煮不出來。然而，在市面上出產醬油有許多大品牌，每種牌子的口味或多或少都有些許差異，您就挑選自己喜愛的口味就可以了。

接下來是糖，這也是使用率滿高的調味料，它除了用在菜餚裡，點心、飲料使用也很多。糖的種類有砂糖、細砂糖、冰糖、紅糖(黑糖)等等，看您製作什麼，就選用什麼。

還有像是醋，也是滿多料理會用到。基本上醋有分白醋、烏醋，各有不同香味、酸味，所以要看是什麼菜色需要什麼醋。

其他像是胡椒粉、香油、醬油膏，這些都是現在常見，也幾乎是常用的，所以買一瓶放著，可以備用。另外，現在還有一些較新的產品，像是素蠔油、味醂，也越來越多人使用，如果您真有需要用到，再去添購。

◆ 食材挑選的基本原則

在廚房兩大要角——配備跟調味料都準備齊全後，就是您上市場挑選食材該注意的原則了。這沒有什麼宴不宴客的問題，因為食材的挑選方法都是一樣，不會因為今天是要辦桌，還是自己吃而有所差別。

材料的挑選，是在採買時很重要的動作。我們是採買素食，所以蔬菜、水果、菇類、豆製品是我們主要的購買大宗。而食材的好壞，就是一道料理好吃與否的最最基本，因此在上市場前，可要好好的做做功課呢！

在挑選蔬果時，您要特別注意它們的新鮮度，最好的辨識方法就是新鮮蔬果的外表要光鮮亮麗、質感硬挺；如果是不新鮮的蔬果，就會失去光澤，而且會變得乾乾軟軟。

挑選菇類時，看起來硬挺、不會有水水的感覺就表示很新鮮，如果已經出水，或是表面呈現不完整，那就是它的鮮度不夠了。

油炸加工的素食品，還有豆類製品，挑選時要先聞聞味道，如果有臭油或是臭酸味就代表它不新鮮了。

現成盒裝、罐裝的食材、調味料一定要注意製造日期，過期或是離到期日很近，那就表示它的新鮮度不夠了。

當食材不新鮮時，您千萬不要買它，不然就算再如何用心烹煮，都只會讓菜餚有減分的效果，甚至味道都會走味，而白白浪費時間和金錢了。

◆ 如何處理及保存食材

食材的整理，是您採買回來後很重要的動作，譬如要分裝，或是保存。有很多家庭主婦或上班族，為了方便，可能上一次市場就採買很多，這時保存就非常重要了。為了使每餐都能享受新鮮美味的佳餚，良好的保存方式是關鍵所在。冰箱是家庭裡最理想的保存地方，攝氏十度以上是細菌滋生的溫床，因此，冰箱的溫度最好控制在攝氏二至五度之間。但是冰箱只能中止細菌的繁殖，不能殺死細菌，所以大家千萬不能把它當做百寶箱，而把食材冰存太久；另外，必須保持冰箱的清潔，要讓冷氣的循環良好；還有就是不要常開冰箱，以免冷度流失而影響到冰存的食物。

像蔬菜、水果類的保存，將果菜先清洗乾淨，拭乾水分後用紙袋或多孔塑膠袋包好，放在冰箱下層或陰涼處；菇類買回後盡量趁早食用完，它是不宜久放的食材，所以一定要盡快吃完。材料在購買時，您一定要按照份量、天數為基準點，這樣才能保持食物鮮美的味道。

材料烹煮前的處理，是您下廚前必須要做的動作。許多食材使用前最該做的就是該清洗乾淨的，像有些蔬果類可能有農藥存留，一定要清洗的很乾淨再用，最好用流水沖洗片刻，這樣才能盡量洗淨殘留農藥。有該去皮的要去皮，該切成烹煮時的樣就切好，把材料先妥善的處理好，在下廚時，就可以省掉很多不必要的麻煩了。

以上四項重點，是下廚的通則，不管是否請客，都是最基本的廚房常識，也是入廚基本功課，所以不能小看，要好好掌握喔！

輕鬆從容請人客

請客，很簡單，就到餐廳吃一頓就好啦，花一點錢，省掉許多的麻煩。從一要請客，當主人的恐怕就會開始煩惱了，第一步就是開菜單，再來採買材料、事前處理、正式下廚烹煮、結束後的清理，一大堆的瑣事，天啊！想想還是花錢請外面大廚做好了。其實，宴客是件很愉快的事，節日家人的團聚、朋友的來訪，都是充滿快樂的。當您親自動手料理，客人吃起來的愉悅感、滿足的臉，這是在外面花錢所無法體會的，讓客人感受到主人的用心，這才是請客的最大意義。您說對嗎？所以，如果能扮演好主人的角色，而且又能輕鬆的勝任，那更是件高興的事。要如何能輕鬆從容的應對呢？其實只要您抓到訣竅，辦桌宴客，您會很享受的。

◆ 宴客前的準備

當您決定要請客人的時候，首先要把客人數定好，衡量一下自己的能力，再來決定請客的人數，如果請了超乎自己能力範圍的人數，手忙腳亂是可以預見的。所以要請多少人是最根本的元素，這部分一定要先確定下來，否則就很難進行下面的步驟了。

確定好請客的人數後，接下來就要開始思考菜單了。一般中式宴客，人數越多，菜色越豐富，所以當您的客人超過十位時，您的菜單上至少就要有十道菜。另外，每道菜的菜量也相當重要，您必須考量客人中大人、小孩、男女的比例，這樣您就可以掌握要烹煮的份量了，因為當菜的份量不夠時，會讓客人不夠吃，份量太多，剩菜又要自己吞，所以這一點要特別注意。

再來，菜單的多變化是很重要的，要避免重複，像每道菜色的口感、材料的不

同性、烹煮方式，都要在這時候決定下來。例如，蒸、炒、煮、炸、煎的烹調變化，口味的酸、甜、苦、辣，以及鹹、淡、濃、清，材料的選用都要不同，這樣客人吃起來的口感上才有豐富感，不會吃完一餐飯後感覺吃的東西都一樣，這樣就沒有達到請客的效果了。

◆ 材料的採買技巧

　　先前準備的動作都完成了，再來就是採買的工作了。當您決定好菜單時，就可以先把菜單裡需要的材料列出一張表來，並把份量標示出來，這樣才不會在採買時忘東忘西，減少漏買或重複的機率。

　　材料中如果有乾品類，可以事先購買起來存放，但是鮮品類就必須在宴客當天採購了，以免鮮度不夠。

　　去市場採買時，就帶著材料清單，買好一樣勾一樣，這樣一目瞭然，要漏掉都很難，除非是先前就忘記列上去。買好了材料，請客人的步驟就完成一半囉！

◆ 準備動手請客

　　當您材料採買回來後，先前的處理就可以依照順序進行了，這樣才不會手忙腳亂。首先把該清洗的材料，先拿去清洗，這樣不會做一項洗一項，老是在洗東西，搞得廚房濕答答；再來，把需要泡水漲開的，以及需要先蒸過或燙過的材料，先來處理，因為這些是需要時間的，所以先做，這樣同時還可以進行其他事項；接下來，把能該去皮的先去皮，該切片、切絲、切塊的材料先切好，如果去皮、切絲會變色的，就等到要下鍋前再處理；最後，按照每道菜來做細部處理，把材料抓齊，排在一起，一道一道來，這樣準備妥當，等到客人來到時，直接下鍋，就可以很快讓客人嚐到美食了。

　　如果您設計的菜單中有需要花很長時間燉煮的菜色，記住，這是一定要先動手做的，因為如果不先做，那做出來的味道一定差很多，材料的軟嫩度也會差很多的。

◆ 請客需要好氣氛

請客除了菜色好壞、美不美味之外，主人的心意及當場的氣氛也是重點之一。請客的氣氛可分客人來之前及之後。為什麼這樣說呢？因為主人事前充分的準備，就是氣氛營造的開始，也是心意的表現。當有誠意時，一切都會是美好的。

在準備請客時，家裡的環境清潔與否，是影響客人情緒的，所以在客人來之前，能好好打掃一番，想必客人來到時，也會感受到。

請客除了菜色外，餐盤也是很重要的，當客人來訪時，看到美美的餐具，這一餐除了味覺享受到了，連視覺也都是享受，客人的心情怎麼會不好呢？如果方便，連餐巾都可以準備美美的，這樣主人的誠意，被邀請者一定很高興，如此受到重視，請客的兩方，都一定很愉悅。

在請客中的氣氛，主人就要發揮熱場的功能，如果大家只是低頭吃飯，這樣就失去了在家請客的意義了。所以主人的熱情可千萬別害羞唷！還有就是主人要盡量跟客人一起用餐，不要因為要煮菜而始終躲在廚房裡；在以前請客的場合裡，最常看到就是女主人在廚房裡搞得蓬頭垢面，一直不願意上桌陪客人吃飯、聊聊，好像請客就是男主人的事，其實這樣是錯的，因為主人一直不出面，客人怎麼好意思多吃呢！所以，事前材料的準備很重要，這樣才有多餘的時間陪客人用餐、談心，主人也才能看到客人在享用美食的表情，這樣才能知道客人是否滿意啊！也才能為自己的菜色評分。如果做不好，才有改進的機會呢！因此，千萬別像古早人，躲在廚房，要走出來，一同享用自己做的佳餚，一同享受真正宴客的氣氛，這才是辦桌請客的最終目的。

吃完飯後，不是就這樣鳥獸散喔，而是要把快樂氣氛延續下去，到客廳喝喝茶啦，吃點水果啦！做一個完美的 ENDING，這樣請客，才能算是完整的。

請客真的很煩瑣，但是請客真的快樂無窮，三五好友小聚、全家歡喜團圓，就這樣一餐飯，可以拉近多少人心理的距離，這是多麼高興的事啊！只要您做好準備，絕對可以讓您輕鬆從容地請人客，高高興興地吃大餐！

計量換算表

1 大匙＝ 15 cc ＝ 3 小匙
1 小匙＝ 5 cc
1 杯＝ 240 cc
1 斤＝ 1 台斤＝ 16 兩＝ 600 公克
少許＝略加即可
適量＝端看口味增加份量

※ 本書所用油量為份量外

菜餚

呈滿心意的菜餚，端出來就是色香味俱全；
不用華麗的言語，也能表達最誠摯的歡迎。

這是一道由五種小菜搭配出來的前菜。
在宴客菜裡，拼盤是讓客人開胃的小菜，
雖然是小菜，作工仍是精細，值得細細品味！

五福拼盤

素香腸

8 ～ 10 人份

烹調時間
30 分鐘

◆ **材料**

麵腸半斤
豆腐皮 2 張
乾香菇 3 朵

◆ **調味料**

紅糟 2 大匙
細砂糖 2 大匙
素高湯粉半小匙
米酒 1 大匙
肉桂粉 1/4 小匙
太白粉 2 大匙

◆ **作法**

1. 麵腸剝成片狀，再切成細絲；香菇以水泡軟，去蒂，切絲。

2. 將麵腸絲、香菇絲混合，加入所有調味料充分攪拌均勻，醃 10 分鐘至入味成為餡料備用。

3. 每張豆腐皮攤平，放入適量的餡料，包捲成圓筒狀，然後排在盤中，放入事先燒開水的蒸鍋中，以中火蒸約 5 分鐘，取出放涼。

4. 燒熱半鍋油，把放涼的素香腸擺入熱油中，以中小火炸至表皮酥脆即可取出，切斜片排盤；或以平底鍋，加少許油，把素香腸放入，煎至兩面金黃即可取出，切斜片排盤。

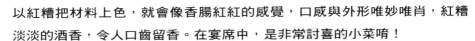

林老師請客小妙招

以紅糟把材料上色，就會像香腸紅紅的感覺，口感與外形唯妙唯肖，紅糟淡淡的酒香，令人口齒留香。在宴席中，是非常討喜的小菜唷！

麻辣豆魚

8 ～ 10 人份

烹調時間
30 分鐘

◆ 材料

綠豆芽 10 兩

豆腐皮 4 張

◆ 調味料

芝麻醬 3 大匙

醬油膏 2 大匙

辣油 2 大匙

花椒粉 1 小匙

細砂糖 1 大匙

香油 2 大匙

◆ 作法

1. 將綠豆芽摘除頭尾後洗淨，放入滾水中汆燙一下，立刻撈出，瀝乾水分。

2. 把綠豆芽分成四等分，每張豆腐皮中包入一份綠豆芽，包捲成長方形，封口朝下放置。

3. 準備平底鍋，加入 2 大匙油，把豆芽卷放入，以小火將兩面煎黃，取出，用利刀分切成大段後排盤。

4. 把所有調味料加 6 大匙冷開水充分混合調勻，淋在豆芽卷上即可食用。

林老師請客小妙招

1. 綠豆芽摘除頭尾後稱作銀芽，口感更加爽脆可口。

2. 豆腐皮遇熱很快就焦掉，所以須用小火來煎。

香滷百頁豆腐

8 ～ 10 人份

烹調時間
30 分鐘

◆ 材料

百頁豆腐 2 塊
素高湯 3 杯（作法請參考 P.21）

◆ 調味料

素蠔油 6 大匙
細砂糖 2 大匙

◆ 作法

1. 將百頁豆腐放入七分熱的炸油裡，以中小火炸至豆腐表面微黃即可取出，瀝油備用。

2. 把素高湯及所有調味料倒入深鍋裡，燒開，接著放入炸好的百頁豆腐，以小火滷至入味，約 20 分鐘。

3. 取出，放至微涼後切片排盤。

林老師請客小妙招

百頁豆腐滷之前須先炸過，這樣表面才不會糊糊爛爛，口感較 Q，也較容易入味。

咖哩大頭菜

8 ～ 10 人份

烹調時間
2又¹⁄₂ 小時

◆ 材料

大頭菜 2 棵

◆ 調味料

(1) 鹽 1 大匙

(2) 細砂糖 4 大匙、白醋 4 大匙、
　　鹽半小匙、薑黃 1 大匙

◆ 作法

1. 大頭菜削除外皮後洗淨，切成食指粗條，加鹽拌醃 20 分鐘，待軟後倒掉苦水，再用冷開水沖洗一下，瀝乾水分備用。

2. 將調味料 (2) 拌勻，把大頭菜放入混合，浸泡約 2 小時，使其入味即可食用。

林老師請客小妙招

1. 多年前在奧地利的一個小鎮，有一家華人開的餐館裡，初嚐這道涼拌小菜，爽脆又可口，挑逗了整個味蕾，令人回味。

2. 大頭菜倒去苦水後，再以冷開水沖過，可去除苦澀味。

3. 薑黃又稱鬱金香粉，中藥店可以買到。

糖酥核桃

8 ～ 10 人份

◆ **材料**

扁核桃 6 兩

◆ **調味料**

細砂糖半斤

◆ **作法**

1. 核桃放入滾水中煮 4 分鐘，去除豆腥味，撈出。

2. 小鍋中加入 1 又 1/2 碗水，加入細砂糖煮至糖融，並煮滾，再放入核桃，以小火煮至糖分滲入，糖液微乾時取出，瀝乾。

3. 另燒熱油至六分熱，把瀝乾的核桃放入，以小火炸至酥香，取出放涼後即可食用。

林老師請客小妙招

1. 可用同樣方法，隨個人喜好，將核桃更換成腰果或松子仁。

2. 堅果放入糖液中，須用小火邊煮邊攪拌，否則很容易巴鍋。

3. 炸堅果，須以小火慢炸至金黃，才不會焦掉，取出後一定要放涼才會酥脆。如要放置隔天，須密封才不會軟化。

全家福

8 ～ 10 人份

◆ 材料

素蝦仁 10 隻、竹笙 1 兩
素火腿 1 小塊
冷凍猴頭菇 2 兩
新鮮香菇 4 朵、薑 4 片
蒟蒻片 2 兩、胡蘿蔔片 10 片
甜豆莢 10 片、素高湯 2 杯

◆ 調味料

素蠔油 2 大匙
素高湯粉半小匙、香油 1 大匙
太白粉 1 大匙、細砂糖半小匙
胡椒粉 1/4 小匙

◆ 作法

1. 素火腿切片；新鮮香菇洗淨，切片。
2. 竹笙以水泡至漲大後切去蒂頭，再切寸段；甜豆莢撕除兩旁老筋，洗淨。
3. 起油鍋，燒熱 3 大匙油，放入薑片以中火炒香，再加入素蝦仁、素火腿片、猴頭菇、新鮮香菇及蒟蒻片一起拌炒片刻。
4. 接著倒入素高湯，煮滾後加入素蠔油、素高湯粉及糖調味，再放進竹笙、胡蘿蔔片、甜豆莢燒煮片刻，最後用太白粉調少許水勾薄芡。
5. 起鍋前滴入香油，撒上胡椒粉即可。

林老師請客小妙招

1. 所謂全家福，就是各種食材大集合，熱鬧豐盛，材料可隨個人喜好或方便取得的來增減。
2. 素高湯的作法，首先準備材料：黃豆芽 1 斤、高麗菜半斤、胡蘿蔔 1 條、玉米 1 根、紅棗 6 粒。把所有材料處理乾淨後，放入大湯鍋裡，加入 4000 cc的水，先以大火煮滾，再轉中小火慢慢熬煮約 50 分鐘，過濾掉菜渣即是鮮甜的素高湯了。

東坡素肉

8 ～ 10 人份

◆ 材料

百頁豆腐 1 塊

素火腿 1 方塊

大朵香菇 8 朵

薑 3 片

紅辣椒 1 支

八角 1 粒

瓠瓜絲 8 條 (10 公分)

青江菜半斤

◆ 調味料

素蠔油 5 大匙

冰糖 2 大匙

五香粉、胡椒粉各 1/4 小匙

香油 1 大匙

太白粉 1 小匙

鹽 1 小匙

◆ 作法

1. 百頁豆腐切 0.5 公分厚片；素火腿切與百頁豆腐同寬片狀；香菇以水泡軟後去蒂，擠乾水分，切與百頁豆腐同寬的大小；將上述三項材料放入燒熱的炸油裡，炸黃後撈出，滴乾油備用。

2. 瓠瓜絲用水泡至微軟；辣椒洗淨，切片。

3. 把炸過的百頁豆腐、素火腿片、香菇片各取一片整齊重疊在一起，用泡軟的瓠瓜絲交叉十字綁緊，即為素東坡肉。

4. 起油鍋，加 2 大匙油，把薑片、辣椒片放入炒香後，加入素蠔油、冰糖、五香粉、胡椒粉及水 1 又 1/2 杯、八角，以大火燒開，再放入素東坡肉，轉小火燜煮約 8 分鐘，待汁液微乾時，以太白粉調少許水勾薄芡，並滴入香油，即可盛入盤中。

5. 另準備一鍋水，燒開，加入 1 小匙鹽、1 大匙油，把洗淨的青江菜放入，燙煮約 2 分鐘，撈出，擠乾水分後圍裝飾在素東坡肉邊。

林老師請客小妙招

1. 百頁豆腐用油炸過，除了香 Q 之外，在燒煮過程裡比較不容易塌掉，賣相較好。

2. 裝飾圍邊的青江菜可以改成綠色花椰菜、豆苗或芥藍菜等綠色蔬菜。

素燴牛蒡火腿卷

8 ～ 10 人份

◆ 材料

素火腿 10 片

牛蒡絲 1 碗

瓠瓜絲 10 條 (10 公分)

草菇 10 朵

大白菜 1 棵

白果 12 粒

◆ 調味料

醬油 2 大匙

素高湯粉 1 小匙

鹽、胡椒粉各少許

香油 1 大匙

太白粉 1 小匙

◆ 作法

1. 草菇放入滾水中氽燙，撈出，瀝乾；大白菜洗淨，剝成一葉葉；瓠瓜絲以水泡至微軟備用。

2. 取一片素火腿，包入適量的牛蒡絲，以瓠瓜絲綁捲成圓筒狀後，放入事先燒熱的炸油裡，炸至金黃即可取出，滴乾油備用。

3. 起油鍋，加入 3 大匙油，放入大白菜炒軟後，再放入炸好的火腿卷、草菇、白果及醬油、素高湯粉、鹽、胡椒粉，一起燜煮至大白菜軟爛，最後以太白粉調少許水勾薄茨，起鍋前滴入香油即可。

林老師請客小妙招

1. 牛蒡切絲後顏色會變褐色，是因為氧化作用，只需泡鹽水或醋水就可以預防了。

2. 牛蒡含有豐富的菊糖，非常適合糖尿病患者食用。另外，牛蒡也含有大量的纖維質、木質素，能夠促進腸道蠕動、防止便祕，常吃還可抑制體內有毒代謝物的形成、降低膽固醇。

虎皮素蝦球

8 ～ 10 人份

◆ **材料**

芋頭 1 個

馬鈴薯 1 個

香菜末半碗

麵粉半杯

蛋 1 個

麵包粉 1 杯

◆ **調味料**

鹽半小匙

素高湯粉半小匙

胡椒粉半小匙

油 2 大匙

太白粉 1 大匙

◆ **作法**

1. 芋頭、馬鈴薯分別洗淨，去皮後切片，放入蒸鍋裡，蒸熟軟後取出，趁熱壓成泥狀。

2. 把芋泥、馬鈴薯泥及香菜末混合拌勻，再加入調味料充分攪拌均勻即為餡料。

3. 將麵粉、蛋液、麵包粉分別放在三個盤子裡。

4. 取適量餡料搓成圓球狀，然後依序沾裹上一層麵粉、一層蛋液、一層麵包粉，再搓圓。

5. 燒熱半鍋炸油至七分熱，將沾好的芋球放入，以中火炸至表面金黃即可。

林老師請客小妙招

1. 沾好麵包粉的芋球須再搓一次，這樣可使麵包粉沾黏的比較牢固。入油鍋炸時，不要立刻攪動，否則麵包粉會脫落得很厲害，待定型片刻後才翻動。

2. 調餡料加油，可增加黏濕度，否則會太乾。

什菜粉絲煲

8 ～ 10 人份

◆ **材料**

粉絲 2 把

白色花椰菜

綠色花椰菜各 1/4 棵

秋葵 4 支

玉米筍 6 支

紅、黃甜椒各少許

白果數粒

胡蘿蔔片數片

薑 4 片

紅辣椒 1 支

◆ **調味料**

素蠔油 4 大匙

素高湯粉半小匙

細砂糖 1 小匙

香油 1 大匙

黑胡椒粒少許

◆ **作法**

1. 粉絲剪成兩半，放入冷水中泡軟，瀝乾備用。
2. 白、綠色花椰菜分切成小朵，洗淨；秋葵洗淨，切除蒂頭；玉米筍洗淨；將上述材料處理好後分別放入滾水中汆燙至軟備用。
3. 紅、黃甜椒洗淨，切滾刀塊狀；辣椒洗淨，切片備用。
4. 起油鍋，加入 4 大匙油，先放入薑片、辣椒片以中火炒香，再加入所有調味料及水 1 又 1/2 杯，以大火燒開後，放入粉絲及其他材料拌炒片刻，接著移到事先放有少許香油、並以小火加熱的砂鍋中，蓋上鍋蓋，以小火燜煮至湯汁微收乾，撒上黑胡椒，即可上桌食用。

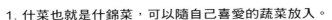

林老師請客小妙招

1. 什菜也就是什錦菜，可以隨自己喜愛的蔬菜放入。
2. 使用砂鍋，須先燒熱，放點油再把材料擺入，這樣燒煮時間不會太長，材料才不會沒有油分而巴鍋。

鍋粑蝦仁

8 ～ 10 人份

◆ **材料**

鍋粑 8 片

大型馬鈴薯 1 個

乾香菇 2 朵

胡蘿蔔 1 小段

熟毛豆仁 2 大匙

酥炸粉半杯

◆ **調味料**

細砂糖 3 大匙

白醋 3 大匙

番茄醬 3 大匙

鹽 1/4 小匙

太白粉 1 小匙

◆ **作法**

1. 馬鈴薯去皮，切粗丁後先蒸熟；酥炸粉加半杯水調勻備用。

2. 把蒸熟的馬鈴薯丁沾裹上酥炸粉糊，然後放入事先燒熱的炸油裡，以中小火炸黃後撈出，滴乾油即為素蝦仁。

3. 香菇以水泡軟後去蒂，切粗丁；胡蘿蔔煮熟，切丁。

4. 將鍋粑放入燒至八分熱的炸油裡，以大火炸至漲大蓬鬆後撈出，滴乾油，鋪在盤底。

5. 另起油鍋，加 3 大匙油，先放入香菇丁炒香，再加入胡蘿蔔丁及糖、白醋、番茄醬、鹽、水 3 大匙，煮滾後加入毛豆仁、素蝦仁燴炒一下，最後以太白粉調少許水勾薄芡，再淋於炸好的鍋粑上即可。

林老師請客小妙招

1. 毛豆仁可替換成秋葵丁或青豆。

2. 酥酥脆脆的鍋粑，淋上糖醋醬料，讓鍋粑浸上一點湯汁，食用起來非常美味可口。

三杯小卷

8 ～ 10 人份

烹調時間
30 分鐘

◆ **材料**

小麵腸 12 條

薑 8 片

紅辣椒 2 支

九層塔 1 小把

◆ **調味料**

米酒 1 杯

香油 1 杯

醬油 1 杯

冰糖 2 大匙

◆ **作法**

1. 小麵腸用剪刀在一端約三分之一處剪開 6 刀成鬚狀，然後放入燒至七分熱的炸油裡，以中火炸至微黃，呈小卷狀即可撈出，滴乾油備用。

2. 起油鍋，加入香油，放入薑片及洗淨去蒂、切片的辣椒炒香，再加酒、醬油、冰糖及炸過的小麵腸一起燴煮，蓋上鍋蓋，改中小火燜煮至汁液微乾，起鍋前，加入洗淨的九層塔拌勻即可。

林老師請客小妙招

小麵腸油炸過可以增加 Q 度及香味，口感咬勁更佳。剪成鬚狀的小麵腸外形像極了小卷，可愛逗趣。

香酥秋葵

8 ～ 10 人份

◆ **材料**

秋葵 16 支

酥炸粉 1 碗

◆ **調味料**

芥末胡椒鹽半小匙

◆ **作法**

1. 秋葵去蒂,洗淨,瀝乾水分。

2. 酥炸粉加 1 碗水調成稀糊狀,把每支秋葵都沾裹上麵糊後,放入燒至七分熱的炸油裡,以中火炸至酥黃,取出滴乾油即可。

3. 食用時,撒上些許芥末胡椒鹽,或是沾食亦可。

林老師請客小妙招

秋葵含有水溶性果膠、醣、蛋白質,及維生素 A、C,鉀、鈣、磷、鐵等礦物質,尤其是鈣質含量是果菜類之冠,而其中含特殊的滑質黏液,被日本人視為滋養強壯的佳餚,能整腸健胃、預防便祕、治療喉嚨痛。

豆包芝麻卷

8 ～ 10 人份

◆ **材料**

豆包 4 片

紫菜 2 張

胡蘿蔔 2 長段

菠菜 4 兩

蛋 2 個

白芝麻半杯

麵糊半杯

◆ **調味料**

鹽適量

胡椒粉少許

◆ **作法**

1. 豆包抹上少許鹽、胡椒粉備用。

2. 胡蘿蔔煮熟；菠菜切除根部後洗淨，放入滾水
中，加鹽燙軟，再放入冷水中漂涼，擠乾水分
備用。

3. 蛋去殼，打散後加少許鹽調味，倒入抹有少許
油的平底鍋裡，煎成長片狀，取出，切長條。

4. 準備一個壽司竹簾，鋪上紫菜一張，排上兩片
豆包，中間擺上適量的胡蘿蔔段、菠菜、蛋皮，
然後捲成圓筒狀，封口用麵糊沾黏住。

5. 將捲好的豆包卷表面塗抹上一層麵糊，接著沾
裹上白芝麻，稍微壓緊一下，使芝麻不易脫
落，隨即放入事先燒至七分熱的炸油裡，以中
火炸至金黃即可取出，滴乾油。

6. 以利刀切 0.5 公分寬的圓片，排盤。

林老師請客小妙招

內部餡料的菠菜可用小黃瓜、粉豆、蘆筍等綠色蔬菜取代；而不吃蛋者，
可將蛋改成醃漬黃蘿蔔。

無錫脆鱔

烹調時間
30 分鐘

◆ 材料

大朵乾香菇 10 朵

熟白芝麻 1 小匙

薑末 1 大匙

玉米粉半碗

◆ 調味料

(1) 醬油 2 大匙

　　細砂糖半小匙

　　五香粉 1/4 小匙

　　香油 1 大匙

(2) 素蠔油 3 大匙

　　細砂糖 1 大匙

　　烏醋 2 大匙

　　白醋 1 大匙

　　太白粉 1 小匙

◆ 作法

1. 香菇以水泡軟後擠乾水分，切除蒂頭，然後用剪刀沿著香菇邊緣剪成 0.5 公分寬的長條 (圖 1)，再加入調味料 (1) 拌醃片刻。

2. 把醃好的香菇條均勻地沾裹上玉米粉，放入燒至七分熱的炸油裡，以中小火炸至酥黃即可取出，滴乾油備用。

3. 另起油鍋，加 1 大匙油，先把薑末以中火炒香，再加入調味料 (2) 及水半杯，燒開後放入炸黃的香菇脆鱔，拌勻，起鍋前撒上白芝麻即可。

林老師請客小妙招

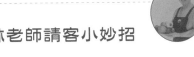

香菇由邊緣開始剪成長條狀，就很像真正的鱔魚，再加上炸的酥脆，口感很棒！

猴菇扒菜心

8 ～ 10 人份

烹調時間
15 分鐘

◆ **材料**

冷凍猴頭菇 6 兩

芥菜心 1 棵

白果 10 粒

小蘇打粉 1 小匙

素高湯 2 杯 (作法請參考 P.21)

◆ **調味料**

素蠔油 2 大匙

素高湯粉 1 小匙

胡椒粉 1/3 小匙

太白粉 1 大匙

香油 1 大匙

◆ **作法**

1. 芥菜心一片片剝下，洗淨，斜切厚片狀，然後燒開半鍋水，加入小蘇打粉及油 1 大匙，把芥菜心片放入汆燙 1 分鐘，撈出，放入冷水中漂涼，瀝乾水分備用。

2. 另準備一個鍋子，把素蠔油、素高湯粉、胡椒粉及素高湯倒入，燒開，再加入猴頭菇、白果燴煮片刻，接著把芥菜心加入，燴煮一下，最後以太白粉調少許水勾薄芡，起鍋前滴入香油即可盛出食用。

林老師請客小妙招

1. 猴頭菇含有多量的蛋白質與多醣體，並含有七種人體的必須胺基酸，能滋補、利五臟、助消化，對於消化不良、神經衰弱與十二指腸潰瘍，都有良好的滋養功效。

2. 猴頭菇有罐頭、鮮品、乾品及處理調味好的冷凍品。如果是乾品，須先泡水使其漲開，擠乾水分，再換水浸泡，再擠乾，如此重複多次，煮起來才不會有苦味；處理好的冷凍品，本身就調味好的，入菜、煮湯都很方便。

照燒山藥

◆ **材料**

山藥 1 斤

薑 6 片

紅辣椒 1 支

九層塔半碗（可視個人喜好增減）

◆ **調味料**

香菇醬油 6 大匙

味醂 3 大匙

◆ **作法**

1. 山藥洗淨後去皮，切長方塊狀，隨後放入燒熱的炸油裡，以中小火炸至微黃，取出滴乾油。

2. 另起油鍋，加入 3 大匙油，先炒香薑片及洗淨、切片的辣椒，接著加入調味料及水 1 杯、山藥塊，一起煮開，然後改成中小火燜煮至汁液微收乾。

3. 在起鍋前，加入洗淨的九層塔，拌勻即可。

林老師請客小妙招

1. 山藥含有豐富的澱粉質、胺基酸、蛋白質等成分，具有滋補強壯、延年益壽的功效，還可以增強人體機能免疫力、抗衰老、健脾胃等。近年來更是火紅的天然有機健康食物，被大力推廣為「山藥不是藥，做菜當補藥」。

2. 山藥先炸過，讓表面有縫隙，可讓燒煮時容易入味。

素肉乾

8 ～ 10 人份

◆ **材料**

麵腸 3 條

熟白芝麻 1 小匙

◆ **調味料**

素蠔油 4 大匙

細砂糖 2 大匙

五香粉 1/4 小匙

◆ **作法**

1. 將麵腸順著紋路剝成薄片，然後放入燒熱的炸油裡，以中小火炸至微黃，取出滴乾油備用。

2. 另外準備一個鍋子，把調味料及水 1 又 1/2 杯倒入，煮開後放進炸黃的麵腸片，改小火燜煮至汁液成稠狀，起鍋前撒上白芝麻即可。

林老師請客小妙招

1. 麵腸炸過才會香 Q、有咬勁。

2. 這道素肉乾可以當做小菜，還能當零嘴呢！

素燒鵝

8 ～ 10 人份

烹調時間
40 分鐘

◆ **材料**

豆腐皮 10 張、乾香菇 4 朵

熟綠竹筍 1 支

熟胡蘿蔔 1/4 根、香菜末 1 碗

素高湯 1 又 1/2 杯 (作法請參考 P.21)

◆ **調味料**

醬油 1/4 杯、素高湯粉 1 大匙

胡椒粉 1/4 小匙

細砂糖 2 大匙、香油 2 大匙

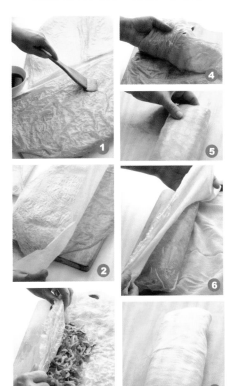

◆ **作法**

1. 將香菇以水泡軟，去蒂、切絲；筍及胡蘿蔔也分別洗淨，去皮切成絲狀；調味料加入素高湯調勻備用。

2. 起油鍋，加 4 大匙油，先放入香菇絲以中火炒香，再加入筍絲、胡蘿蔔絲拌炒均勻，接著倒入四分之一的調味醬汁，拌勻後加入香菜末，混合均勻即成餡料。

3. 取一張豆腐皮，攤平，以刷子塗上一層調味醬汁 (圖 1)，再反方向鋪上一張豆腐皮 (圖 2)，再刷上一層調味醬汁，如此反覆重疊豆腐皮成一厚大圓片，接著在中間擺上餡料 (圖 3)，隨即包捲成扁長條狀 (圖 4、5)，再以紗布包緊 (圖 6、7)，即可放入事先燒開水的蒸籠裡，以中火蒸約 10 分鐘。

4. 將豆包捲取出、放涼，打開紗布，再放入平底鍋中，加少許油，以小火把兩面煎黃後取出，斜切片排盤。

林老師請客小妙招

1. 餡料中加入香菜，有畫龍點睛的效果，美味百分百。
2. 煎豆包捲時，火候要小，否則容易焦掉。

素鮑西生菜

8 ～ 10 人份

◆ **材料**

鮑魚菇 6 朵

西生菜 1 棵

◆ **調味料**

素蠔油 3 大匙

細砂糖 1 大匙

胡椒粉 1/4 小匙

太白粉半小匙

◆ **作法**

1. 鮑魚菇洗淨，斜切大片，放入滾水中汆燙一下，去除菌腥味，取出瀝乾備用。

2. 西生菜剝成一片片，洗淨。

3. 起油鍋，加 4 大匙油，放入西生菜以大火炒軟，再加入鮑魚菇、調味料一起燴炒片刻，即可盛盤食用。

林老師請客小妙招

1. 新鮮的菇類都有一種菌腥味，只需要在使用前用滾水燙煮一下即可去除。

2. 西生菜要以大火炒，口感才會脆。

素肉排

8 ～ 10 人份

烹調時間 **30** 分鐘

◆ 材料

豆包 3 片

乾香菇 4 朵

熟筍絲半碗

胡蘿蔔 1/4 根

香菜末半碗

麵包粉 1 碗

酥炸粉半碗

◆ 調味料

醬油 2 大匙

細砂糖 1 小匙

素高湯粉半小匙

◆ 作法

1. 香菇泡水至軟後擠乾水分，切細絲；胡蘿蔔煮熟，切細絲。

2. 酥炸粉加半碗水調成糊狀備用。

3. 起油鍋，加 4 大匙油，以中火先炒香香菇絲，再加入筍絲拌炒片刻，接著加入胡蘿蔔絲、調味料燴炒均勻，最後加入香菜末拌勻，即為內餡。

4. 將豆包打開，放入適量的餡料，封口用麵糊沾黏，再用刷子把豆包外層均勻塗上一層麵糊，然後沾裹上麵包粉。

5. 燒鍋中放入炸油至七分熱，約 170℃，把做好的素肉排放入，以中火炸至表面金黃即可，取出，每片對切，排盤。

林老師請客小妙招

素肉排的內餡，可隨個人喜好而更改成芋泥等等，別有一番風味。

糖醋素排骨

8 ~ 10 人份

烹調時間
25 分鐘

◆ **材料**

油條 2 根

蓮藕 1 節

香菜或小豆苗少許

酥炸粉 1 杯

◆ **調味料**

糖、白醋、番茄醬各 4 大匙

鹽 1/3 小匙

太白粉 1 小匙

◆ **作法**

1. 將油條分開成兩小條,每小條再切成寸段。

2. 蓮藕洗淨後去皮,切小長段。

3. 酥炸粉加水 1 杯調成糊狀備用。

4. 把每寸段的油條中間釀入一小段蓮藕,再分別沾裹上麵糊,接著放入事先燒熱的炸油裡,以中小火炸至酥黃,取出,瀝乾油後排盤。

5. 把糖、白醋、番茄醬及水 4 大匙、鹽一同倒入乾淨的鍋裡,拌勻,燒開,再以太白粉調少許水勾薄芡,淋在炸好的素排骨上,撒上香菜或小豆苗即可。也可將素排骨放入醬汁中燴拌一下也可,起鍋前再撒上香菜,效果不一樣唷!

林老師請客小妙招

以蓮藕釀入油條中,取代真正排骨中的骨頭,爽脆口感,很棒!

素燴腰花

8 ～ 10 人份

◆ **材料**

大朵乾香菇 8 朵

甜豆莢 10 片

胡蘿蔔片 8 片

白果 8 粒

薑 4 片

玉米粉 2 大匙

◆ **調味料**

素蠔油 2 大匙

細砂糖半小匙

鹽 1/3 小匙

素高湯粉半小匙

太白粉 1 小匙

香油 1 大匙

胡椒粉少許

◆ **作法**

1. 香菇以水泡軟，擠乾水分後去蒂，在內面劃
交叉刀紋 (圖 1)，然後反摺，把刀紋面向外，
以牙籤固定 (圖 2)，接著沾裹上一層玉米粉，
放入燒至七分熱的炸油裡，以中小火炸至金
黃，撈出，即為素腰花。

2. 甜豆莢撕除老筋，洗淨備用。

3. 起油鍋，加入 3 大匙油，先炒香薑片，再放
入胡蘿蔔片、白果拌炒片刻，再加入所有調
味料及水 1 杯，混合均勻，燒開，最後再放
入素腰花、甜豆莢，燴煮一下即可熄火。

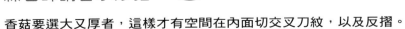

林老師請客小妙招

香菇要選大又厚者，這樣才有空間在內面切交叉刀紋，以及反摺。

翠玉蒟蒻

8 ～ 10 人份

◆ **材料**

蒟蒻片 1 包

翠玉筍 2 包

紅辣椒 2 支

薑 1 小段

◆ **調味料**

鹽 1/3 小匙

素高湯粉半小匙

胡椒粉少許

香油 1 大匙

◆ **作法**

1. 蒟蒻片洗淨，放入滾水中汆燙一下，去除鹼味後撈出，瀝乾水分，備用。

2. 翠玉筍洗淨，切寸段；辣椒洗淨，切斜片；薑洗淨，切細絲。

3. 起油鍋，加入 4 大匙油，先放入薑絲、辣椒片拌炒一下，接著加入蒟蒻片燴炒片刻，最後放入翠玉筍及所有調味料，炒勻即可盛出食用。

林老師請客小妙招

蒟蒻含有大量纖維質，零熱量、零膽固醇，是腸胃的清道夫。
在使用前，須先用滾水汆燙一下，去除鹼味。

素鰻魚

8 ～ 10 人份

◆ **材料**

馬鈴薯 4 個

海苔 2 張

炒熟白芝麻 1 小匙

◆ **調味料**

香菇醬油 4 大匙

味醂 3 大匙

◆ **作法**

1. 馬鈴薯洗淨，去皮，以磨泥器磨成泥狀，或用食物調理機攪打成泥狀，再用濾網仔細地過濾掉水分，水分一定要濾乾。

2. 海苔對切兩半，攤平，取適量的馬鈴薯泥塗抹在海苔上，壓緊。

3. 燒熱炸油至七分熱，把做好的素鰻魚放入，海苔面朝下，馬鈴薯泥朝上，以中火炸至金黃，取出，放在吸油紙上。

4. 把調味料混合均勻，趁熱塗抹在馬鈴薯面上，撒上芝麻後切塊排盤。

林老師請客小妙招

1. 馬鈴薯含有優異的碳水化合物、礦物質及維生素 C、B6 等，是屬於鹼性食物，可以中和血液中的酸鹼值。在選購時，以質地結實、表皮乾淨、芽眼淺少、沒有發芽者為佳。發芽的馬鈴薯有毒，切記不可食用。

2. 馬鈴薯含有澱粉質，所以有沾黏作用，但水分一定要濾乾，不然海苔就會濕而容易破損。

焗什蔬

8 ～ 10 人份

烹調時間

1 小時

◆ **材料**

(1) 大白菜半棵

白色花椰菜 1/4 棵

洋菇 6 粒

乾香菇 2 朵，胡蘿蔔 1/4 根

青、紅、黃甜椒各 1/4 個

起士絲 2 大匙

素高湯 2 杯 (作法請參考 P.21)

(2) 奶油 6 大匙、麵粉 6 大匙

奶水半杯、起士粉 1 小匙

◆ **調味料**

鹽、素高湯粉各 1 小匙

胡椒粉 1/4 小匙

◆ **作法**

1. 大白菜洗淨，切片；白色花椰菜分切成小朵，洗淨；洋菇洗淨，切片；香菇以水泡軟後，去蒂，切片；青、紅、黃三色椒分別洗淨，切片備用。

2. 起油鍋，加入 4 大匙油，先炒香香菇片，再把其餘的蔬菜放入拌炒一下，接著加入所有調味料及素高湯一起以小火燜煮至材料熟軟，撈出瀝乾，湯汁留下備用。

3. 另起油鍋，放入奶油，融化後加入麵粉，以小火慢炒至沒有顆粒狀，再加入奶水、作法 2 的蔬菜湯汁約 3 杯，拌炒至呈乳白糊狀，然後加入起士粉，拌勻，即為奶油糊。

4. 取四分之三的奶油糊與炒好的蔬菜料拌勻，填入焗烤盤中，把剩餘四分之一的奶油糊覆蓋在蔬菜料表面，接著撒上起士絲，放入事先預熱至 180℃的烤箱，待表面烤至金黃，約 25 至 30 分鐘即可取出，趁熱食用。

林老師請客小妙招

1. 什蔬的材料可隨個人喜好或是時令菜色而改變。

2. 做菜時，烤箱可以不一定要先預熱，做西點就一定要，只不過烤箱沒先預熱，烘烤時間就會延長很多，較不容易控制。

起士蔬菜蛋卷

8 ～ 10 人份

◆ 材料

蛋 8 個

胡蘿蔔末、香菜末各 1 大匙

起士片 2 片

◆ 調味料

鹽、素高湯粉各半小匙

味醂 2 大匙

◆ 作法

1. 蛋去殼，打散，加入所有調味料及胡蘿蔔末、香菜末拌勻備用。

2. 起士片切成 1 公分寬的長條。

3. 準備玉子燒平底鍋，加熱，以紙巾塗上一層薄油，舀入一杓的蛋汁，搖動鍋子使蛋液平均流滿鍋子成一長方片，待稍微凝固時，在三分之一處放上起士條，然後以筷子或鏟子把蛋片捲成長方條放置在鍋子的一端，然後鍋子再塗一層油，再舀入一杓蛋料，同樣搖動鍋子使蛋液平均流滿鍋子成一長方片，待稍凝固時，從原先長方蛋條的一邊反捲成較厚的長方條，放置在鍋子另一邊，如此反覆的把蛋料用完，就完全煎成厚厚的長條蛋卷了。

4. 取出，用利刀切厚片，排盤。

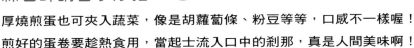

林老師請客小妙招

厚燒煎蛋也可夾入蔬菜，像是胡蘿蔔條、粉豆等等，口感不一樣喔！

煎好的蛋卷要趁熱食用，當起士流入口中的剎那，真是人間美味啊！

脆炒素雞肫

8 ～ 10 人份

烹調時間
30 分鐘

◆ 材料

新鮮洋菇 1 斤

薑 6 片

紅辣椒 2 支

九層塔 1 小把

◆ 調味料

素蠔油 3 大匙

糖 1 大匙

烏醋 2 大匙

香油 1 大匙

◆ 作法

1. 將洋菇洗淨，放入滾水中汆燙至軟，去除菌腥味後撈出，瀝乾水分，然後在傘面上劃交叉刀紋，若是較大朵，還可以對切兩半。

2. 擠乾洋菇水分，放入事先燒至七分熱的炸油裡，以中火炸至表面微黃即可取出，滴乾油。

3. 辣椒洗淨，切片；九層塔摘取嫩葉，洗淨。

4. 起油鍋，加 2 大匙油，放入薑片、辣椒片炒香，接著加入調味料及水 4 大匙，燒開後放入炸黃的洋菇拌炒片刻，起鍋前加入九層塔拌勻即可。

林老師請客小妙招

洋菇放入滾水中燙軟，除了去除菌腥味外，切刀紋時才不容易破裂。

烤香椿素方

8 ～ 10 人份

◆ 材料

豆腐皮 8 張、土司 5 片
香椿醬 1 大匙、稀麵糊 3/4 碗

林老師請客小妙招

香椿醬可在素食專賣店買到，入菜、炒飯、拌麵都非常好吃。香椿醬也可以自己DIY，首先將香椿葉 4 兩洗淨，瀝乾水分後剝成小片，然後放入生機調理機中，倒入香油 1 瓶、鹽 1 大匙，攪打成糊狀後，倒入消毒過的玻璃容器裡，冰入冰箱冷藏，使用時取適當份量即可。

◆ 作法

1. 將稀麵糊與香椿醬混合拌勻即為餡料。
2. 攤開一張豆腐皮，塗上一層薄薄的香椿餡料，然後再鋪上一張豆腐皮，再塗上一層餡料，反覆地將豆腐皮疊成千層狀後，再分切成兩半。
3. 準備一只平底鍋，加入 4 大匙油，把做好的素方放入，以小火將兩面煎至酥黃，再以利刀把素方切成土司大小的塊狀，排盤。
4. 土司切除四周硬邊後對切兩半，放入蒸鍋裡蒸 5 分鐘至軟，即可夾入素方食用。

素蝦鬆

8 ～ 10 人份

烹調時間 **20** 分鐘

◆ 材料

素蝦仁 2 兩、乾香菇 4 朵
去皮荸薺 6 粒、毛豆仁 2 大匙
胡蘿蔔丁 1 大匙
炸松子仁 2 大匙、薑末 1 大匙
生菜葉 10 片、油條 1 根

◆ 調味料

鹽、素高湯粉各半小匙
胡椒粉 1/4 小匙
香油 1 大匙

林老師請客小妙招

1. 松子仁使用前要先以溫油炸黃，放涼，這樣才能有酥脆的口感。
2. 蝦鬆餡料要炒至乾爽，不可以有湯汁，否則油條會軟掉，就不會酥香可口了。

◆ 作法

1. 素蝦仁切丁；香菇以水泡軟後去蒂，切丁；荸薺洗淨，煮熟，切丁；胡蘿蔔丁、毛豆仁燙熟備用。

2. 油條切寸段，放入燒至八分熱的炸油裡，以大火炸酥，撈出瀝乾油，再壓碎，鋪放在盤底。

3. 生菜葉洗淨，完全瀝乾水分，排於另一盤中。

4. 起油鍋，加 4 大匙油，先炒香薑末，再加入香菇丁炒香，接著放入素蝦仁丁、荸薺丁、胡蘿蔔丁及毛豆仁拌炒一下，續加入所有調味料拌勻，起鍋前撒入炸松子仁拌勻，即可盛在油條上。

5. 食用時，取生菜葉包裹蝦鬆，非常美味也可去油膩。

百菇獻瑞

8 ～ 10 人份

烹調時間 **15** 分鐘

◆ **材料**

洋菇、美白菇、鴻喜菇、冷凍
猴頭菇各 2 兩

綠色花椰菜 1 棵，薑末 1 小匙

素高湯 2 杯 (作法請參考 P.21)

◆ **調味料**

素蠔油 1 大匙、鹽 1/4 小匙

素高湯粉半小匙

胡椒粉 1/4 小匙

太白粉 1 大匙、香油 1 大匙

◆ **作法**

1. 把美白菇及鴻喜菇的根部切除，分成小朵，
再與洋菇一同洗淨，放入燒開的滾水中，加
1 小匙鹽（份量外），汆燙一下，去除菌腥
味後撈出，以冷水漂洗一下，瀝乾水分備用。

2. 綠色花椰菜分切成小朵後洗淨，再放入加有
少許鹽、油的滾水中燙熟，撈出瀝乾水分後
圍在盤緣。

3. 起油鍋，加入 1 大匙油，先放入薑末炒香，
再加入各種菇類拌炒片刻，接著加入素蠔油，
其餘鹽、素高湯粉、胡椒粉及素高湯，大火
燒開，再以太白粉調少許水勾薄芡，起鍋前
滴入香油，然後倒在綠色花椰菜圍盤的中間
即可。

林老師請客小妙招

1. 菌類鮮品本身有一層黏液，須放入鹽水中汆燙，除可
   去掉黏液外，亦可去掉菌腥味。

2. 各種方便取得或個人喜愛的菇類皆可放入。

玉子蘆筍

8 ～ 10 人份

烹調時間 **15** 分鐘

◆ **材料**

蘆筍 10 兩
鹹鴨蛋黃 2 個

◆ **作法**

1. 將蘆筍洗淨，取前端較嫩部份約 7 公分長段，放入滾水中煮熟，約 2 分鐘，取出，瀝乾水分，排入盤中。

2. 鹹鴨蛋黃壓碎，放入乾鍋中以小火炒香，取一半直接撒在蘆筍上，另一半加水 4 大匙，攪拌煮滾，再淋於蘆筍上即可。

林老師請客小妙招

鹹鴨蛋黃以乾淨的鍋子炒，千萬不能有水、油跑進去，這樣炒出來的蛋黃鬆非常香，口感也很好。

湯品

●Part 2●

一碗暖呼呼的湯品，喝在嘴裡，暖在心裡；

生活沒有過多的裝飾，一樣可以感動到心坎。

素魚翅羹

烹調時間
20分鐘

8 ～ 10 人份

◆ 材料

素魚翅 2 兩、乾香菇 6 朵

竹筍絲 1 碗、金針菇 4 兩

胡蘿蔔絲半碗

素火腿絲半碗、香菜少許

素高湯 1000 CC（作法請參考 P.21）

◆ 調味料

醬油 2 大匙、烏醋 2 大匙

細砂糖 1 小匙

素高湯粉 1 小匙

胡椒粉少許、香油 1 大匙

太白粉 2 大匙

◆ 作法

1. 香菇以水泡軟後去蒂，切絲；金針菇切除根部，洗淨，分成一條條的。

2. 起油鍋，加入 4 大匙油，先把香菇絲炒香，再加入筍絲拌炒至軟，接著倒入素高湯，以中大火燒開，再放入金針菇、胡蘿蔔絲、素火腿絲，燒煮幾分鐘。

3. 接著，加入醬油、烏醋、糖、素高湯粉拌勻，再放入素魚翅，並用太白粉調少許水勾薄芡，最後滴入香油，撒上胡椒粉、香菜末即可。

林老師請客小妙招

1. 可將素魚翅改成髮菜，就成了美味的髮菜羹了。

2. 素魚翅是海藻做的，不宜久煮，否則會糊掉，因此最後才加入燒煮片刻即可。

如意冬瓜盅

8 ～ 10 人份

烹調時間
50 分鐘

◆ 材料

冬瓜 1 段 (約 20 公分長)

蓮子半碗，白果 12 粒

枸杞 1 大匙，素火腿 1 小塊

鴻喜菇、美白菇各適量

當歸 1 片

素高湯 1 大湯碗 (作法請參考 P.21)

◆ 調味料

鹽、素高湯粉各 1 小匙

胡椒粉少許

◆ 作法

1. 蓮子洗淨後先蒸軟；素火腿切大丁；鴻喜菇、美白菇切除根部，分成小朵，洗淨；白果洗淨。

2. 將冬瓜洗淨，用挖球器把冬瓜肉挖成球狀，也把冬瓜挖成一個盅狀，冬瓜外緣用小刀切雕成鋸齒狀。

3. 把冬瓜球及所有材料、調味料放入冬瓜盅裡，移入已燒開水的蒸鍋中，以大火蒸 30 分鐘即可取出食用。

林老師請客小妙招

1. 購買冬瓜時，記得要求取頭部或尾端一段，這樣才有底部當盅，而且須在底部切一平刀口，這樣冬瓜盅才站得平穩。

2. 冬瓜含有豐富的維生素 C、醣類、胡蘿蔔素、鈣、磷及鐵質，能夠利尿、消暑熱、促進人體新陳代謝、除脂積、減肥、防止皮膚色素沉澱。

山藥紅圓湯

8 ～ 10 人份

烹調時間
30 分鐘

◆ 材料

山藥半斤

炸麵丸 5 粒

紅棗 10 粒（紅圓）

當歸 2 片

◆ 調味料

鹽 1 小匙

素高湯粉 1 大匙

◆ 作法

1. 山藥洗淨，去皮後切塊狀。

2. 炸麵丸剁成小片；紅棗洗淨。

3. 將所有材料、調味料放入燉盅裡，以中小火燉煮 40 分鐘即可。

4. 起鍋前可滴點當歸酒，更加清香可口。

林老師請客小妙招

山藥含有維生素 B1、B2、C、K，以及鈣、磷等礦物質，而且脂肪含量低，其所含的消化酵素很容易被人體所吸收，能夠迅速消除疲勞、提振精神。山藥所含的黏滑成分是荷爾蒙的一種，有助於在更年期時提高荷爾蒙的分泌，預防憂鬱不安和老化。

蘑菇一品湯

烹調時間 **40**分鐘

◆ **材料**

巴西蘑菇 15 朵

素排骨 4 兩

雞豆半碗

◆ **調味料**

鹽 1 小匙

素高湯粉 1 大匙

胡椒粉少許

香油 1 大匙

◆ **作法**

1. 巴西蘑菇以水泡軟，洗淨；雞豆洗淨，以水泡 20 分鐘至漲開。

2. 準備湯鍋，加水 1000 cc，以大火煮開，然後放入巴西蘑菇、雞豆，改中小火煮 20 分鐘，接著放入素排骨，煮約數分鐘，加入調味料拌勻即可熄火。

林老師請客小妙招

巴西蘑菇含有豐富的蛋白質、脂質、礦物質、維生素及膳食纖維，其中脂質以亞油酸為主的不飽和脂肪酸含量最為豐富，可幫助大家平日身心健康的維護。

團圓火鍋

8 ～ 10 人份

烹調時間

20 分鐘

◆ 材料

大白菜 1 棵

新鮮香菇、金針菇、茼蒿、素蝦仁、素火鍋料等各適量

素高湯 2000 cc (作法請參考 P.21)

◆ 調味料

鹽 1 小匙

素高湯粉 1 大匙

◆ 作法

1. 大白菜剁成大片，洗淨，再剁小塊。

2. 其他材料處理乾淨。

3. 準備火鍋，把素高湯倒入，煮滾後先放入大白菜煮軟，再加入其他材料，煮熟後加入調味料拌勻即可。

林老師請客小妙招

火鍋是宴客菜裡屬於熱鬧的要角，材料可以隨自己喜愛做變化，種類也可看客人多寡來增加或減少，是非常方便準備的一道佳餚。

鄉下濃湯

8 ～ 10 人份

烹調時間 **30** 分鐘

◆ 材料

(1) 高麗菜 1/4 棵、胡蘿蔔 1 根
洋菇 8 朵、素火腿 1 段
素高湯 6 杯 (作法請參考 P.21)
(2) 奶油 6 大匙
麵粉 6 大匙、奶水半杯

◆ 調味料

黑胡椒少許

林老師請客小妙招

炒奶油糊是一件很不容易
的事，一定要小火慢炒，不
然麵粉容易結顆粒狀。如已
有顆粒狀，可把火熄掉，利
用鍋中的餘溫，快速攪　鏟
子，把麵粉炒化。

◆ 作法

1. 胡蘿蔔去皮後洗淨，切細絲；高麗菜洗淨，
切細絲；素火腿切細絲；洋菇洗淨，以滾水
汆燙一下，撈出，切片備用。

2. 準備湯鍋，倒入 3 杯素高湯，煮開，放入胡
蘿蔔絲、高麗菜絲，改小火煮至軟爛。

3. 起油鍋，把奶油融化，倒入麵粉，以小火慢
慢炒至沒有顆粒狀，倒入奶水及剩下素高湯
拌勻成糊狀。

4. 將作法 3 的奶油糊加到作法 2 裡，煮滾，再
放入洋菇片、素火腿絲，拌勻，起鍋前撒入
黑胡椒即可。

羅宋湯

8 ～ 10 人份

烹調時間
40 分鐘

◆ 材料

紅番茄 3 個

馬鈴薯 2 個

高麗菜 1/4 棵

胡蘿蔔 1 根

素肉丸 8 個

芹菜 1 支

◆ 調味料

鹽 1 小匙

素高湯粉 1 大匙

◆ 作法

1. 馬鈴薯洗淨，去皮，切大丁；番茄去蒂，洗淨後切大丁；素肉丸以水泡軟；胡蘿蔔去皮後洗淨，切大丁；高麗菜洗淨，切大丁；芹菜洗淨，切細末備用。

2. 準備湯鍋，加入 2000 cc的水，以大火煮滾，先放入馬鈴薯丁煮 10 分鐘，再加入胡蘿蔔丁、素肉丸、番茄丁、高麗菜丁一起以中小火續煮 20 分鐘，然後加入調味料拌勻，起鍋前撒上芹菜末即可。

林老師請客小妙招

這道湯品酸酸甜甜的，相當濃郁，是蔬菜的自然鮮甜味，營養豐富，是一道請客自用兩相宜的佳餚。

● Part 3 ●

點心

人人都期望生活能幸福順遂，
但有時在一道甜品裡就能給予最大的幸福。

雪菜炒年糕

8 ~ 10 人份

◆ 材料

寧波年糕 10 兩

雪裡蕻 4 兩

素肉絲 1 兩

◆ 調味料

鹽 1/4 小匙

素高湯粉半小匙

胡椒粉少許

◆ 作法

1. 素肉絲泡水至軟,擠乾水分備用。
2. 雪裡蕻洗淨,擠乾水分,切細末。
3. 寧波年糕以滾水燙軟,取出,瀝乾水分備用。
4. 起油鍋,加入 5 大匙油,以小火炒素肉絲片刻,再放進雪裡蕻、年糕一起拌勻至透,最後加入調味料拌勻即可上桌食用。

林老師請客小妙招

市場裡雪裡蕻有整棵的,也有切末的,整棵比較有砂,所以一定要清洗乾淨。雪裡蕻本身是用鹽醃揉的,所以調味時鹽要斟酌。

四色燒賣

8～10 人份

◆ 材料

外皮：中筋麵粉 1 斤、
　　　滾水 13/4 杯、冷水 1 杯
內餡：乾香菇 6 朵、
　　　刈薯 1 小個、烤麩 6 個
四色料：蛋皮末、胡蘿蔔末、
　　　　香菇末、毛豆仁各少許

◆ 調味料

醬油 2 大匙、細砂糖半小匙
鹽 1/4 小匙、素高湯粉半小匙

林老師請客小妙招

這是一道很討喜的點心，
四色料可以隨個人喜愛配
色，像是毛豆仁可以用菠
菜末代替。

◆ 作法

1. 首先製作外皮。將滾水沖入麵粉中，以筷子攪拌，待稍冷時，倒入冷水拌揉成耳垂軟度的麵糰，蓋上乾淨的濕布，讓麵糰鬆弛 20 分鐘。

2. 製作餡料。香菇以水泡軟後去蒂，切小丁；刈薯洗淨，去皮，切小丁；烤麩切小丁。

3. 起油鍋，加入 5 大匙油，放入香菇丁炒香，再加入刈薯丁炒熟後，放入烤麩拌炒片刻，接著加入調味料，拌勻即為內餡。

4. 將醒好的麵糰分切成小塊，擀成小圓片，每片包入餡料少許，接著把麵皮對摺在中間捏緊，然後再把兩邊麵皮往中間捏緊，這樣就會有四個小凹洞，在四個凹洞中分別填入四色料當裝飾，全部完成後，放入事先燒開水的蒸鍋裡，以大火蒸約 15 分鐘即可。

八寶芋泥

◆ 材料

芋頭 (大)1 個

大紅豆、葡萄乾、青紅絲各適量

奶油少許

花生粉 1 小匙

◆ 調味料

細砂糖半杯

◆ 作法

1. 芋頭洗淨，去皮，切厚片，蒸熟後趁熱壓成泥狀備用。

2. 起油鍋，加入半杯油，把糖放入，以小火炒至糖融化，再加入芋泥拌炒均勻備用。

3. 準備一只湯碗，先抹上一層奶油，再把大紅豆等配料排出漂亮圖案於盤底，然後填入芋泥，壓緊。

4. 蒸鍋的水燒開，把芋泥放入，以中火蒸約 15 分鐘，取出，倒扣在盤中，花紋圖案朝上，最後撒上花生粉即可。

林老師請客小妙招

1. 削芋頭時，有人會有手癢的過敏反應，這時只要洗熱水，或是把手用熱氣烘一下，手癢的現象就會消失。

2. 八寶芋泥香甜可口，但熱度很高，食用時千萬小心，以免燙口。

四喜甜湯

8 ～ 10 人份

烹調時間 **25** 分鐘

◆ 材料

小湯圓半斤

芋頭 (小)1 個

蓮子 1 碗

桂圓肉 3 大匙

◆ 調味料

黃砂糖半斤

太白粉 3 大匙

◆ 作法

1. 芋頭洗淨，去皮，切小丁，放入燒熱的炸油裡，以中小火炸至表面微黃，取出，瀝乾油。

2. 準備一只湯鍋，加入 2000 cc的水，以大火煮滾，放入蓮子煮軟，再加入小湯圓，煮至湯圓浮起，接著加糖調味。

3. 待糖煮融後，放入桂圓肉，稍煮一下，最後以太白粉調水勾薄芡即可。

林老師請客小妙招

1. 湯圓煮熟時，會浮出水面，這時才可以加糖，如果湯圓還沒熟就加糖，這樣湯圓就不容易煮熟了。

2. 芋頭炸過後除了香Q外，放入鍋中煮才不會糊掉。

3. 如果使用乾蓮子，千萬不要泡水，否則反而不容易煮爛。

南瓜炒米粉

8 ～ 10 人份

◆ **材料**

南瓜 1 小顆

米粉 1 包

乾香菇 4 朵

素肉絲 2 大匙

芹菜 2 支

素高湯 1^{1}/$_{2}$ 杯 (作法請參考 P.21)

◆ **調味料**

鹽半小匙、素高湯粉 1 小匙、
香菇醬油 1 大匙、黑胡椒粉半
小匙

◆ **作法**

1. 南瓜洗淨，去皮、籽後切絲；香菇以水泡軟，
   去蒂，切絲；素肉絲以水泡軟，擠乾水分；
   芹菜摘除葉部，洗淨，切細末。

2. 米粉浸泡水中，泡軟後瀝乾水分備用。

3. 起油鍋，加入 5 大匙油，先放入香菇絲以中
   火炒香，再加入素肉絲煸乾，接著放進南瓜
   絲及調味料、素高湯，燒煮片刻，隨後加入
   米粉，以兩雙筷子把米粉挑鬆，煮至湯汁微
   乾即可。

4. 起鍋前，撒上芹菜末就可以上桌食用。

林老師請客小妙招

米粉不管是細的或是粗的，只要泡軟就可以，但千萬不可浸泡太久，因
為米粉會吃水，如果水吃過多，米粉的調味湯汁就吸收不了。米粉入鍋
後，不要用鏟子鏟動，否則米粉會碎裂的很厲害。

紅麴桂圓米糕

8 ～ 10 人份

◆ 材料

乾紅麴 2 大匙

圓糯米 6 杯

桂圓肉半碗

◆ 調味料

黃砂糖 1 杯

米酒 3 大匙

◆ 作法

1. 糯米洗淨,與乾紅麴混合拌勻,放入電子鍋中,內鍋加水至 4 又 1/2 格,按下開關煮飯,待開關跳起時,再續燜 5 分鐘。

2. 打開電子鍋,放入桂圓肉、糖、酒混合攪拌均勻,再按下開關繼續燜煮,等開關再次跳起時,繼續燜 10 分鐘即可。

3. 取出米糕,放置在乾淨的模型裡,用擀麵棍壓緊實成厚片,然後切成菱形塊,排盤。

林老師請客小妙招

1. 以電子鍋煮油飯或米糕,非常方便又容易,只要內鍋的水減少一格半,就可以煮出香 Q 的糯米飯。

2. 紅麴是非常健康的食物,可以降低膽固醇、血糖、降血壓又防癌,適合經常食用,用在料理中非常美味。

豌豆黃

8 ～ 10 人份

烹調時間
1 小時

◆ **材料**

綠豆仁 2 杯

◆ **調味料**

細砂糖 3/4 杯 (約 200 公克)

吉利 T 粉 1 大匙

◆ **作法**

1. 綠豆仁洗淨，以水浸泡半小時使其漲大。
2. 將泡好的綠豆仁瀝乾，加水 4 杯煮至軟爛，放涼，再倒入果汁機裡攪打成豆泥。
3. 準備炒菜鍋，把打好的豆泥倒入，加入糖、吉利 T 粉，以小火煮滾拌炒翻動數分鐘，炒至豆泥可以站立，不會流動即可熄火。
4. 準備乾淨的長形模型，把豆泥倒入，鋪平，放至冷藏使其凝固後取出，切塊，排盤。

林老師請客小妙招

淡淡的豆香，入口即化綿細的口感，老少咸宜，相當討喜。

馬蹄條

8 ～ 10 人份

◆ 材料

馬蹄粉 1 杯
去皮荸薺 4 兩

◆ 調味料

黃砂糖 1 杯
脆酥粉 1 杯

林老師請客小妙招

脆酥粉可在傳統的大型雜貨店買到，加水調成糊狀即可。亦可自己調製，準備低筋麵粉 1 杯、水 1 杯、泡打粉半小匙、油 2 大匙，全部攪拌均勻即是自製脆酥粉。

◆ 作法

1. 荸薺洗淨，切片。

2. 馬蹄粉放在乾淨的打蛋盆裡，加 1 杯水，調化。

3. 準備一只深鍋，加入 4 杯水及黃砂糖，煮滾，待糖融化時立即用力沖入馬蹄粉漿中，快速攪拌成糊狀，接著加入油 1 又 1/2 大匙及荸薺片拌勻，然後把粉糊倒入乾淨的長方形不鏽鋼盤中，移入燒開水的蒸鍋裡，以中火蒸約 20 分鐘，取出放涼，即為馬蹄糕。

4. 將脆酥粉加水 3/4 杯調勻成糊狀，接著把放涼的馬蹄糕切小指長段，每段沾裹上麵糊後，放入燒熱至 170℃ 的炸油裡，以中小火炸至酥黃，即為香酥可口的馬蹄條了。

山藥西米露

8～10人份　　烹調時間 **15**分鐘

◆ 材料

紫山藥半斤

西谷米半斤

◆ 調味料

細砂糖半斤

◆ 作法

1. 紫山藥洗淨，去皮後切小丁。

2. 湯鍋中加水 2000 cc，以大火煮滾，再放入山藥丁、西谷米煮約 6 分鐘，最後加糖，煮至糖融化即可。

林老師請客小妙招

1. 西谷米必須在水滾的時候才可加入，否則會糊掉。

2. 山藥可以改成芋頭、南瓜等，又是另一番風味，同樣可以添加椰漿，就成了椰漿西米露，更加美味。

棗泥鍋餅

◆ 材料

低筋麵粉 200 公克

蛋 2 個

棗泥 4 兩

林老師請客小妙招

這是一道很傳統的中式點
心，作法簡單，適合全家
大小食用。
餡料可改成豆沙、芝麻
等，隨個人喜好。

◆ 作法

1. 將麵粉、蛋、水 1 杯攪拌成稀糊狀。

2. 準備平底鍋，抹上少許油，倒入稀麵糊，搖
動鍋子使麵糊平均流滿鍋子成一圓片狀，待
微乾時，鋪入壓成長方片的棗泥，接著把兩
邊麵皮向內摺成一長方片。

3. 燒熱半杯炸油，放入煎好的鍋餅，以小火炸
至酥黃即可取出，切片排盤。

西米焗布丁

8 ～ 10 人份

◆ 材料

西谷米半斤

豆沙 2 兩

蛋黃 6 個

◆ 調味料

奶水 3/4 杯

香草精半小匙

黃砂糖 1 杯

◆ 作法

1. 燒開 6 杯水，放入西谷米，以小火煮約 5 分鐘後加糖，融化時再加奶水及香草精拌勻，熄火。

2. 待稍涼時，加入蛋黃拌勻，然後倒一半在乾淨的焗烤碗裡，放入豆沙餡，再把剩餘的西谷米倒入鋪在上面。

3. 烤箱設定 180℃，預熱 10 分鐘，放入西米布丁，烘烤約 25 至 30 分鐘，待表面金黃即可。

林老師請客小妙招

1. 西谷米含有豐富的澱粉，所以必須邊煮邊攪拌，這樣才不會焦掉。還有，西谷米煮後要降溫才可放入蛋黃，否則會燙成蛋花。

2. 豆沙內餡可以更改成棗泥、芝麻、花生、蓮蓉等。

宴客菜單怎麼配？

　　請客最傷腦筋的就是菜單要如何搭配？首先，要在自己所會的菜色中想出適合的宴客料理；接著，再從宴客性質中將宴客料理再依適合的性質篩選一遍，像是大宴或是小酌；然後，依照前菜、主菜、湯、點心分類好，再把鹹淡、酸甜、油炸或煎煮或蒸燴等平均分配好，最後找出最佳的搭配，這就是一桌宴客菜最好的結果。講了半天，好像很複雜，也很麻煩，但只要原則掌握住了，一切都會很簡單的。

　　宴客最先要搞清楚今天您要請的客是什麼樣的性質，像是朋友小聚，還是家人團圓，或是特殊節日慶祝等等，因為這些不同的請客理由，就會影響到您菜色的搭配。像是朋友小聚，讓客人吃飽是一定要的，還有朋友聚會最重要是一起談天話家常，所以烹煮時間長的菜色就不一定很適合，因為烹調時間太長，朋友聚會的時間就減少了，這樣就無法達到原先聚會的意義了。而家人團圓，或是特殊節日，這都算是大日子，也常是兩者一起進行的，所以豐富的菜色是最主要的特色之一，大家聚在一起，吃頓好料，現在往往不見得是容易的事，因此做工細的菜色，就滿適合在這時享用了。

　　對於宴客菜單搭配的原則，從上面的說明，希望大家都有所瞭解及能夠掌握。為了讓大家能夠清楚的知道，下面提供給大家依照本書設計的菜色，把不同請客性質去搭配好幾組的宴客菜單，有了這些範本，期望大家能夠配出更適合自己請客的菜色出來。

　　這幾組提供給大家的菜單，都包含有小菜、主菜、湯品跟甜點，可說是相當齊全的宴客菜，想必您的客人，一定讓您請得飽飽的、很滿足的回家。不過可別忘了喔，在吃完您所準備的甜點後，來一份水果，讓您在宴客最後留下一個完美的句點唷！

朋友小聚餐

第一套
咖哩大頭菜
香滷百頁豆腐
素燴牛蒡火腿卷
香酥秋葵
素肉乾
素鮑西生菜
羅宋湯
南瓜炒米粉
棗泥鍋餅

第二套
麻辣豆魚
素香腸
鍋粑蝦仁
無錫脆鱔
照燒山藥
素燴腰花
玉子蘆筍
蘑菇一品湯
八寶芋泥

第三套
咖哩大頭菜
糖酥核桃
什菜粉絲煲
豆包芝麻卷
猴菇扒菜心
翠玉蒟蒻
起士蔬菜蛋卷
鄉下濃湯
山藥西米露

第四套
麻辣豆魚
香滷百頁豆腐
全家福
脆炒素雞肫
素肉排
百菇獻瑞
山藥紅圓湯
四色燒賣
豌豆黃

第五套
素香腸
咖哩大頭菜
三杯小卷
素燒鵝
糖醋素排骨
焗什蔬
羅宋湯
雪菜炒年糕
馬蹄條

家人團圓歡喜餐

第一套
五福拼盤
糖醋素排骨
三杯小卷
素肉排
翠玉蒟蒻
什菜粉絲煲
虎皮素蝦球
起士蔬菜蛋卷
雪菜炒年糕
團圓火鍋
山藥西米露

第二套
五福拼盤
全家福
東坡素肉
素燒鵝
素蝦鬆
焗什蔬
脆炒素雞肫
百菇獻瑞
素鰻魚
如意冬瓜盅
西米焗布丁

第三套
五福拼盤
素燴牛蒡火腿卷
什菜粉絲煲
鍋粑蝦仁
烤香椿素方
無錫脆鱔
猴菇扒菜心
豆包芝麻卷
素燴腰花
素魚翅羹
四喜甜湯

第四套
五福拼盤
東坡素肉
虎皮素蝦球
三杯小卷
素燒鵝
素鮑西生菜
素蝦鬆
素鰻魚
玉子蘆筍
蘑菇一品湯
紅麴桂圓米糕

第五套
五福拼盤
烤香椿素方
照燒山藥
無錫脆鱔
素燒鵝
素肉乾
糖醋素排骨
猴菇扒菜心
團圓火鍋
四色燒賣
棗泥鍋餅

國家圖書館出版品預行編目資料

好吃宴客素／林美慧著. -- 初版.-- 新北市：
養沛文化館，2012.04
　面；　公分. -- (自然食趣；09)
ISBN 978-986-6247-44-6 (平裝)

1.素食食譜

427.31　　　　　　　　　　101004511

【自然食趣】09

好吃宴客素

作　　者／林美慧
發 行 人／詹慶和
總 編 輯／蔡麗玲
執行編輯／林昱彤
編　　輯／黃薇芝、蔡毓玲、劉蕙寧、詹凱雲
執行美編／王婷婷
美術編輯／陳麗娜
出版者／養沛文化館
發行者／雅書堂文化事業有限公司
郵政劃撥帳號／18225950
戶名／雅書堂文化事業有限公司
地址／新北市板橋區板新路206號3樓
電子信箱／elegant.books@msa.hinet.net
電話／(02)8952-4078
傳真／(02)8952-4084

2012年04月初版一刷　定價240元

總經銷／朝日文化事業有限公司
進退貨地址／新北市中和區橋安街15巷1號7樓
電話／（02）2249-7714　　傳真／（02）2249-8715
星馬地區總代理：諾文文化事業私人有限公司
新加坡／Novum Organum Publishing House (Pte) Ltd.
20 Old Toh Tuck Road, Singapore 597655.
TEL：65-6462-6141　　FAX：65-6469-4043
馬來西亞／Novum Organum Publishing House (M) Sdn. Bhd.
No. 8, Jalan 7/118B, Desa Tun Razak, 56000 Kuala Lumpur, Malaysia
TEL：603-9179-6333　　FAX：603-9179-6060